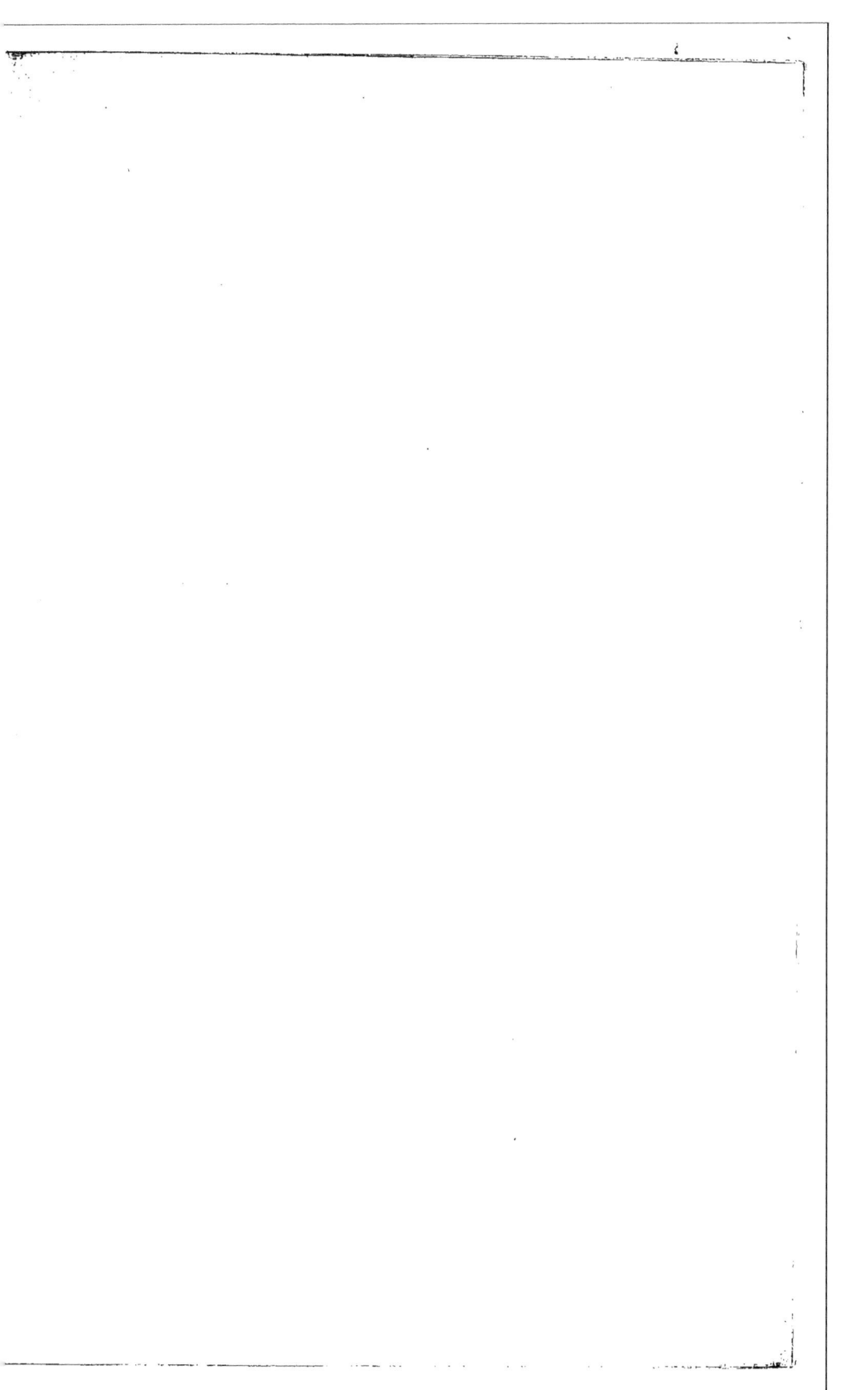

25760

RECHERCHES EXPÉRIMENTALES

SUR

LE STRIAGE DES ROCHES

DU AU PHÉNOMÈNE ERRATIQUE,

SUR LA FORMATION

DES GALETS, DES SABLES ET DU LIMON,

ET

SUR LES DÉCOMPOSITIONS CHIMIQUES

PRODUITES PAR LES AGENTS MÉCANIQUES.

—✪—

Paris. — Imprimé par E. TRUNOT et Cᵉ,
Rue Racine, 26.

—✪—

RECHERCHES EXPÉRIMENTALES

SUR LE

STRIAGE DES ROCHES

DU AU PHÉNOMÈNE ERRATIQUE,

SUR

LA FORMATION DES GALETS, DES SABLES ET DU LIMON

ET SUR LES DÉCOMPOSITIONS CHIMIQUES

PRODUITES PAR LES AGENTS MÉCANIQUES.

Par M. DAUBRÉE.

Extrait des ANNALES DES MINES.

PARIS.

VICTOR DALMONT, ÉDITEUR,

Successeur de Carilian-Gœury et V{or} Dalmont,

LIBRAIRE DES CORPS IMPÉRIAUX DES PONTS ET CHAUSSÉES ET DES MINES,

Quai des Augustins, 49.

1858

RECHERCHES EXPÉRIMENTALES

SUR

LE STRIAGE DES ROCHES

DU AU PHÉNOMÈNE ERRATIQUE,

SUR LA FORMATION

DES GALETS, DES SABLES ET DU LIMON

ET

SUR LES DÉCOMPOSITIONS CHIMIQUES

PRODUITES PAR LES AGENTS MÉCANIQUES.

———•———

Les appareils et les forces que nous pouvons mettre en jeu sont toujours bornés ; ils ne peuvent imiter les phénomènes géologiques qu'en les rapetissant à l'échelle de nos moyens d'expérience. L'expérimentation n'a donc pas ici la même valeur que dans l'étude des phénomènes physiques ou chimiques. Aussi les méthodes expérimentales tiennent-elles jusqu'à présent très-peu de place dans les recherches de la géologie.

Utilité de l'expérimentation dans la géologie.

On peut néanmoins aborder ainsi beaucoup de questions, sinon pour les résoudre complétement, au moins pour les éclairer et en préparer la solution. Si en effet la nature a employé des procédés très-divers pour arriver au même but, on peut aussi, en variant soi-même les moyens que l'on met en œuvre, chercher à définir nettement les conditions compatibles ou incompatibles avec chaque phénomène, de manière à les circonscrire dans

des limites de plus en plus resserrées et à rétrécir ainsi
le champ des hypothèses.

Je me suis proposé ce but dans la plupart de mes
travaux géologiques, et, en cherchant dans l'étude des
faits généraux tous les moyens d'arriver à quelques idées
préconçues sur les causes des phénomènes, je me suis
appliqué à soumettre plus tard ces vues spéculatives au
contrôle de l'expérience. C'est ainsi que chacune de mes
observations géologiques a presque toujours une contre-
partie expérimentale, de même que chaque fait constaté
par l'expérience n'a été qu'un moyen d'induction pour
aborder l'étude de quelque phénomène naturel.

Dans ces nouvelles recherches, j'ai étudié les conditions
purement mécaniques de certaines particularités que
présente la forme extérieure des roches dans les diverses
régions du globe; j'ai été ainsi conduit à les étendre à
la formation de matériaux divers de désagrégation qui
tiennent une place considérable dans l'écorce terrestre.
Les questions qui se rattachent à cette formation pourraient, au premier abord, paraître tellement simples
qu'il était superflu de les soumettre à un examen appro-
fondi; mais les phénomènes qu'on néglige parce qu'ils
paraissent trop connus sont souvent ceux qui, en réalité,
restent le plus longtemps obscurs.

La première partie de mon mémoire a pour but l'i-
mitation expérimentale des surfaces polies et striées
qui sont une conséquence du phénomène erratique.
Dans la seconde j'étudie les matériaux qui résultent de
l'opération mécanique et les altérations chimiques qui
s'y rattachent.

PREMIÈRE PARTIE.

IMITATION DES SURFACES POLIES ET STRIÉES LORS DU PHÉNOMÈNE ERRATIQUE.

Des études assez considérables de la surface du globe, telle que la Scandinavie et l'Amérique boréale, doivent les derniers traits de leur modelé à des frottements énergiques dont les traces sont souvent demeurées gravées en caractères ineffaçables à la surface du sol. *(Importance du phénomène erratique.)*

Quoique ces effets soient bien connus, j'en rappellerai brièvement ici les caractères essentiels (1). *(Ses caractères généraux.)*

Des sillons et des stries innombrables couvrent toutes les roches assez dures pour les recevoir et assez résistantes pour les conserver. Un même sillon se poursuit quelquefois sur 15 mètres et davantage ; puis un autre lui succède. Les parois de ce sillon portent une multitude de stries, en général parallèles à celle de la cannelure principale ; la largeur de celle-ci va quelquefois jusqu'à 50 centimètres. C'est surtout sur les surfaces faiblement inclinées que le phénomène se présente avec régularité. Cependant des surfaces verticales présentent quelquefois des sillons latéraux qui y ont été creusés horizontalement. Quand une partie très-dure, telle qu'un rognon de quartz se rencontre sur la roche, elle est restée en saillie et a même protégé en aval la surface voisine, qui forme un bourrelet allongé dans le sens des stries et vient ensuite se raccorder insensiblement avec la surface striée. *(Formes particulières des sillons et des stries.)*

La configuration des proéminences de toute dimension, *(Forme imprimée aux aspérités polies et striées.)*

---

(1) Voir particulièrement le rapport de M. Élie de Beaumont sur le mémoire de M. Durocher, relatif au phénomène erratique du Nord (*Comptes rendus de l'Académie*, 17 janvier 1842).

rochers, collines ou îles, est en général en relation évidente avec la cause qui a tracé les sillons. Ainsi les collines sont souvent arrondies, cannelées et striées d'un côté, tandis que les formes anguleuses du côté opposé contrastent de la manière la plus frappante avec la configuration adoucie du côté frotté. Ce type se reproduit aussi bien sur les aspérités étendues que sur les moindres proéminences.

Relation
de la direction
avec
la topographie
du sol.

Quant à la direction des sillons et des stries, elle est en général assez uniforme sur des surfaces faiblement ondulées, telles que la Suède et la Finlande et le nord des États-Unis. Dans les régions montagneuses, telles que la Norwége, les Alpes, les Pyrénées, les Vosges, les traces de frottement divergent en général, comme les axes des vallées qui en rayonnent. Dans les Alpes, ces accidents s'élèvent jusqu'à 2,500 mètres.

Incertitude
sur l'origine
de ce phénomène.

Le phénomène qui nous occupe, comme le transport des blocs erratiques qui s'y rattache, est l'un des plus remarquables de la géologie. Depuis longtemps l'objet d'observations de Saussure, de Pallas et de Léopold de Buch, il a particulièrement attiré l'attention pendant ces vingt-cinq dernières années. Malgré ces études, et quoique la période à laquelle appartient le phénomène soit bien rapprochée de nous, son origine n'est pas encore éclaircie. Des courants boueux chargés de pierres, des glaciers agissant sur de vastes étendues qui en sont aujourd'hui dépourvues, ou enfin des masses de glaces animées d'un mouvement rapide : tels sont les agents moteurs auxquels les géologues ont attribués le transport des matériaux solides qui ont labouré les roches et les ont couvertes de traits de burin.

Conditions
à réaliser
par l'expérience.

Pour imiter autant que possible les conditions de la nature, j'ai fait frotter du sable, des galets et des fragments anguleux de roche sur une autre roche. Ces ma-

— 5 —

tériaux étaient pressés par un bloc de bois et pouvaient marcher à des vitesses et sous des pressions variées. La masse à frotter était granitique comme les roches les plus dures; les matériaux frotteurs étaient quartzeux ou feldspathiques, comme ceux qui paraissent avoir été mis en jeu presque partout ; ils étaient donc à peu près de la même dureté que la masse sur laquelle ils devaient agir.

L'appareil dont je me suis d'abord servi a à peu près la disposition de celui qui a servi à Coulomb pour déterminer les lois du frottement. La plaque de granite à strier, longue de 80 centimètres et de forme plane, est maintenue horizontalement sur un châssis solidement établi. Les galets sont enchâssés dans un bloc de bois de charme. A ce bloc est fixée une corde qui s'étend horizontalement jusqu'à une poulie de renvoi, et qui supporte à son extrémité un plateau. Selon le poids dont on charge ce plateau, on peut donner au chariot des vitesses plus ou moins grandes. Au-dessous du bloc de bois est d'ailleurs fixé au moyen d'un étrier un second plateau en bois qui est destiné aussi à recevoir des poids et à régler la pression du frotteur.

1° Appareil semblable à celui employé par Coulomb pour l'étude des frottements.

Cette première disposition qui exige beaucoup de place et un appareil particulier peut être remplacée par la machine à raboter la fonte qui est ordinairement employée dans les ateliers de construction de machines. La plaque de granite, fixée à boulons sur la table de la machine, est entourée d'une auge en bois, de manière à pouvoir être maintenue humide. Les fragments de roche qui doivent strier sont pressés par une pièce de bois de forme carrée qui est adaptée au porte-outil. Cette pièce de bois ou *compresseur* entre à frottement doux dans un prisme creux en bois de même forme, qui lui sert comme de gaîne, de telle sorte que les

2° Galets soumis à un compresseur adapté à la machine à raboter.

galets frotteurs sont maintenus et ne peuvent se sous-
traire à la pression. On charge le compresseur à volonté au moyen d'un levier. Dans ce second appareil,
la plaque à strier est mobile, tandis que le compresseur est fixe; ce qui est indifférent pour le résultat à
atteindre. A l'aide d'une disposition assez simple, la
vitesse pouvait varier, dans l'appareil mis en usage, de
1 à 83 centimètres par seconde.

3° Galet monté sur le gradin de la machine à aléser. Enfin, pour examiner plus exactement les conditions
nécessaires au striage, j'ai encore fait agir des galets
isolément en les enchâssant dans le mandrin d'une
machine à aléser; puis je les pressais par des poids va-
riables. La vitesse du caillou pouvait, à l'aide de diverses
combinaisons de roues dentées, varier dans des limites
très-étendues.

Causes d'erreur. Avant d'indiquer les résultats obtenus, je m'empresse
de remarquer que les valeurs numériques ne sont sans
doute pas susceptibles d'une rigueur mathématique, et
cela pour plusieurs motifs. D'abord, il y a nécessairement un certain arbitraire sur la force des stries dont
on commence à tenir compte. Elles sont d'ailleurs plus
ou moins facilement gravées, selon la forme du galet
frotteur et selon le poli de la surface. En outre, en sup-
posant connue la pression exercée sur la tête de chaque
caillou, la pression correspondante au millimètre de
contact est d'autant plus difficile à apprécier que la dimension de cette surface se modifie à chaque instant par
l'usure. Enfin, la force d'inertie qui influe au commencement du mouvement est une cause de perturbation
sensible, surtout si le trajet n'est pas très-considérable.

Relation entre la vitesse et la pression. Quoi qu'il en soit, il ressort des séries d'expériences
qui ont été faites et qui se contrôlent mutuellement, des
résultats qui méritent d'être signalés.

A l'aide des deux premiers appareils, je suis arrivé

à imiter, jusque dans leurs moindres particularités, les surfaces cannelées et striées par le phénomène erratique. Il n'est pas nécessaire pour cela de recourir à des pressions, ni à des vitesses très-considérables.

Les deux éléments, c'est-à-dire la pression exercée sur les galets frotteurs et la vitesse à imprimer à ces galets pour qu'ils *commencent* à buriner des stries bien distinctes, varient en sens inverse l'un de l'autre. J'ai constaté ce fait en faisant varier les vitesses de $0^{mm},0025$ à 2 mètres, 50 par seconde, c'est-à-dire dans le rapport de 1 à 1.000.000. Ainsi, par exemple quand la vitesse est inférieure à 0,1 de millimètre, la pression exercée sur un caillou arrondi doit être au moins de 100 kilogrammes, tandis que le même caillou, avec une vitesse de 40 millimètres, c'est-à-dire 400 fois plus grande, n'a plus besoin que d'une pression de 5 kilogrammes. La vitesse plus ou moins grande d'un coup de rabot paraît avoir des influences semblables sur la force des copeaux qu'il enlève.

Si l'on porte les deux valeurs comme abscisses et comme ordonnées sur deux axes rectangulaires, et que l'on cherche à réunir les points ainsi déterminés, la courbe obtenue rappelle une branche d'hyperbole qui aurait pour asymptotes les axes de coordonnées.

Quand on augmente la vitesse ou la pression, ou ces deux valeurs simultanément, les stries obtenues deviennent plus profondes et plus larges, à moins toutefois que la pression ne soit assez grande pour écraser les fragments. Ainsi la courbe, il faut bien le remarquer, ne représente que les *limites inférieures* de ces deux éléments.

A chaque instant de leur mouvement les galets frotteurs subissent eux-mêmes des changements. On les voit s'user avec rapidité et souvent s'écraser sur leurs angles, de telle sorte que si l'appareil permet aux fragments de

Modifications dans la forme des fragments frotteurs.

tourner sur eux-mêmes, d'anguleux qu'ils étaient d'abord, ils s'arrondissent bientôt. Il suffit souvent d'un parcours de quelques dizaines de mètres pour qu'ils se transforment en véritables galets; il se forme en outre du sable de forme anguleuse.

Changements dans le caractère des entailles qu'ils produisent. Par suite de cette modification incessante, l'entaille que le fragment de roche sculpte sur la plaque change lui-même continuellement de caractère. Avant d'être fortement émoussé, le galet trace une strie, tandis qu'après s'être aplati ou s'être faiblement déplacé, il creuse un sillon dont le rayon de courbure est en rapport avec la forme du fragment. Ainsi un même galet produit successivement des stries et des sillons, chacune de ces variétés d'entailles ne pouvant s'étendre sur quelques mètres sans changer de caractère. D'ailleurs, de nouveaux fragments suivent et viennent graver sur les sillons laissés par leurs devanciers, des stries qui seront effacées à leur tour.

Les galets strient plus facilement que le sable On a souvent attribué les stries à l'action du sable; on voit par l'expérience qu'elles peuvent être tracées par les galets, et qu'elles le sont même bien plus facilement par des fragments d'une certaine grosseur que par le sable proprement dit; car celui-ci s'écrase facilement, s'il est maintenu dans le corps pressant avec une fixité suffisante.

Striage des roches par d'autres moins dures. Non-seulement des matériaux de même dureté mordent parfaitement l'un sur l'autre, comme nous venons de le voir, mais une roche relativement molle peut strier une roche dure, si elle est animée d'une vitesse suffisante. Du calcaire lithographique bien pur, doué d'une vitesse de 40 centimètres par seconde et pressé seulement à raison de 35 kilogrammes par millimètre quarré, peut très-nettement strier le granite. Ces stries, tout en étant parfaitement distinctes, sont plus fines que

---

.ans le premier cas ; la plaque striée prend en même temps un certain poli dû à l'action de la poussière fine qui travaille à côté des fragments anguleux du calcaire.

On voit donc que l'action des matériaux, les uns sur les autres, ne dépend pas seulement de la dureté, mais aussi de leur vitesse.

Au lieu de presser sur les cailloux par l'intermédiaire d'une pièce de bois, on peut se servir de la même manière d'un bloc de glace (eau congelée). Bien que la glace soit souvent bulleuse et un peu compressible, elle force, sans s'écraser, les galets à tracer des stries.

La glace peut servir de compresseur, de même que le bois.

Si les galets, au lieu d'être pressés au moyen d'un corps solide, sont soumis *sans intermédiaire* à la pression d'une masse pâteuse, telle que de l'argile humide, l'effet obtenu est tout différent de ceux que nous venons de signaler Au premier instant que le galet est en contact avec la roche, il peut encore entamer un commencement de strie ; mais n'étant plus forcément maintenu contre l'obstacle à vaincre, il ne peut prolonger son entaille : il est en général immédiatement refoulé à distance dans l'intérieur de la masse pâteuse, où il reste noyé et inactif ; si l'argile est suffisamment délayée, il roule sans avoir la force suffisante pour pénétrer.

Si la pression est exercée par des masses molles, les effets sont tout différents.

Je ne ne prétends nullement que, dans des conditions autres que celles que j'ai réalisées, on ne produise pas de stries. Si les galets, au lieu de former un lit mince à la base de la masse pâteuse, étaient accumulés sur une assez grande épaisseur, pour se serrer et se caler les uns les autres, peut-être en obtiendrait-on des effets voisins de ceux que produisent les corps solides. Je ne voudrais pas aller au delà des résultats immédiats de mes expériences.

J'ajouterai encore que les stries, dues à l'action immédiate du caillou, sont en général rugueuses et comme

Polissage qui accompagne souvent le striage.

déchirées ; mais les poussières fines résultant de la trituration, et les masses molles, telles que la glace, qui viennent superposer leur action, adoucissent et polissent les surfaces primitives : comme dans le travail artificiel du marbrier ou du lapidaire, le dégrossissage est souvent suivi d'un polissage.

*Des blocs de glace
ou de roche
de
faible épaisseur
peuvent strier
facilement.*

Quand des cailloux sont enchâssés dans une masse solide, telle que la glace, de manière à faire saillie, la pression qui s'exerce sur eux peut être égale à une partie très-notable ou même à la totalité du poids de la masse supérieure, selon la manière dont ce dernier poids se répartit sur les points d'appui. C'est ainsi que j'ai observé des stries fort nettes tracées sur un quartz très-dur par l'action des meules qui servent à broyer le même minéral à la fabrique de cailloutage de Sarreguemines, bien que ces meules n'aient qu'une épaisseur de 28 centimètres (la vitesse des morceaux de quartz qui strient est d'environ $1^m,30$ par seconde). Par le même motif, des blocs de glace, lors même qu'ils sont de faible épaisseur, portant sur la roche par l'intermédiaire de quelques cailloux, peuvent aussi facilement strier cette roche.

DEUXIÈME PARTIE.

MATÉRIAUX RÉSULTANT DES ACTIONS MÉCANIQUES DANS LES EAUX :
GALETS , SABLES DE DIVERSES ORIGINES ET LIMON.

Rien ne paraît plus simple et mieux connu que l'histoire des galets, des sables et du limon ; nous les foulons de toutes parts sous nos pieds, et, à l'état incohérent ou agglutiné, ils occupent un large développement dans la série des terrains stratifiés. Cependant, à part quelques faits généraux, la formation de ces matériaux est loin d'être réellement éclaircie.

Lacunes dans l'observation du phénomène.

Bien que le lit des torrents et des fleuves et surtout le littoral des mers nous offrent continuellement en activité le phénomène de l'usure mutuelle des roches en mouvement dans les eaux, l'observation directe ne suffit pas pour en apprécier toutes les circonstances. Nous ne pouvons suivre la manière et la rapidité avec laquelle les fragments anguleux s'arrondissent et diminuent graduellement sous les frottements et les chocs. Les sables et les limons qui résultent de ces actions incessantes sont immédiatement triés et emportés par les eaux, sans qu'on puisse en étudier les caractères. D'ailleurs, il serait souvent impossible de distinguer les sables formés journellement de ceux qui préexistaient dans le lit du fleuve ou sur la plage, et qui proviennent tout simplement du remaniement d'anciens dépôts.

Il n'est pas toutefois besoin d'un examen bien attentif pour reconnaître que les innombrables variétés de sable appartiennent à plusieurs types distincts ; la connaissance des conditions dans lesquelles chacun de ces types s'est produit éclaircirait l'histoire des terrains sédimentaires et la géographie physique des anciennes mers qui n'ont cessé de travailler à démolir l'écorce solide du globe.

J'ai donc cherché depuis longtemps, à l'aide d'une série d'expériences directes, le moyen de combler les lacunes que présente nécessairement l'observation du phénomène naturel. Lors même qu'on ne l'imiterait pas dans toute sa complexité, on peut certainement en préciser diverses circonstances, en les isolant.

Disposition de l'appareil adopté. Les mouvements principaux des galets dans la nature peuvent être imités avec assez de fidélité, au point de vue des frottements et des chocs qu'ils subissent, au moyen de quelques appareils mécaniques peu compliqués. L'un des plus faciles à employer consiste en un cylindre horizontal dans lequel les matériaux sont placés avec de l'eau, et auquel on donne un mouvement de rotation autour de son axe (1). Cette vitesse peut varier à volonté ; j'ai adopté, dans la plupart des expériences dont je rends compte, un mouvement de translation de $0^m,80$ à 1 mètre par seconde.

Principaux résultats de l'expérience. Si l'on place dans cet appareil des fragments anguleux de roches, ils se transforment bientôt en galets et sable et en limon.

1er produit : galets. J'ai opéré de préférence sur les roches les plus dures et les plus répandues dans les terrains détritiques, sur le granite commun et sur le quartz. Des fragments anguleux de l'une ou de l'autre roche, de la grosseur d'un poing à celle d'une noisette, étant mis en mouvement dans les conditions dont nous venons de parler, ils s'arrondissent rapidement. Après un trajet de 25 kilomètres seulement, les angles sont parfaitement arrondis, et les galets obtenus ne peuvent être distingués des galets naturels, ni pour les formes, ni pour l'aspect.

(1) Il faut un cylindre facile à ouvrir et qui cependant retienne bien l'eau.

Comme il est facile de le comprendre, l'usure se fait avec rapidité tant qu'elle peut s'attaquer à des contours anguleux; mais elle décroît à mesure que les arêtes s'émoussent davantage. Une fois que les fragments sont tout à fait arrondis, ils ne s'amoindrissent plus qu'avec une lenteur excessive, à moins toutefois qu'ils ne se concassent par le choc. Ce dernier cas arrive assez fréquemment aux plus petits, ainsi qu'on le constate facilement en comptant les galets à diverses époques de leur parcours.

Réduction des galets par usure ou par concassement.

Par quelques expériences, j'ai constaté que pour les 25 premiers kilomètres parcourus, des fragments anguleux de granite ont perdu 4/10 de leur poids; tandis que, pour le même parcours, des fragments déjà complétement arrondis n'ont plus perdu que 1/100 à 1/400, c'est-à-dire 4/1000 à 1/1000 par kilomètre (1).

Usure rapportée au kilomètre de parcours

Le principal produit de l'action mutuelle des fragments de roche solide qui s'usent dans le sein des eaux n'est pas du sable, comme on l'a souvent prétendu, mais du limon.

2e produit : limon fin.

Ce limon est en général impalpable et d'une ténuité telle qu'il reste plusieurs jours en suspension dans l'eau. Il est très-plastique; par la dessiccation il se prend en

---

(1) On a remarqué en général dans les cours d'eau que les galets vont en décroissant de la source à l'embouchure. Cette diminution n'est pas due seulement à l'usure, comme nos expériences le prouvent. J'ai étudié le mécanisme qui l'a produite au moyen d'une lunette de 2 mètres qui plongeait dans le Rhin, et permettait d'en examiner le fond. On voyait de temps en temps du sable, de petits galets entraînés, parcourir un trajet de quelques décimètres; puis un gros galet ainsi déchaussé s'ébranlait à son tour, mais franchissant seulement quelques centimètres, il se trouvait ainsi en retard sur ceux qui l'avaient devancé. Un tel triage, constamment répété, finira nécessairement par produire le classement des galets par ordre de grosseur, tel qu'on l'observe dans toutes les vallées.

masses si solides qu'on ne peut toujours le briser sans l'aide d'un marteau. Il ressemble ordinairement beaucoup aux argiles schisteuses du terrain houiller, et quand il provient de la destruction du granite, il est parsemé de petites lamelles de mica, comme ces dernières. On ne saurait d'ailleurs distinguer ce résidu de l'usure artificielle des granites de celui qui s'accumule journellement sur une partie du littoral de la Norwége.

Décomposition du feldspath très-divisé par l'eau froide.

La désagrégation mécanique n'est pas le seul phénomène. En effet, en mettant en mouvement dans de l'eau pure des fragments de granite qui ne présentaient aucun indice d'altération, j'ai constaté qu'après quelques dizaines d'heures, cette eau se charge, même à froid, d'une quantité très-notable de silicate de potasse. Après un parcours de 160 kilomètres, 3 kilogrammes de granite ont donné 3.3 grammes de sels solubles consistant principalement en silicate de potasse.

Ce phénomène est analogue à divers faits déjà constatés par Vauquelin, M. Chevreul, M. Becquerel et M. Pelouze. Il a d'ailleurs, au point de vue géologique et agricole, des conséquences sur lesquelles je crois hors de propos d'insister ici.

Nature du limon granitique.

D'un autre côté, le limon de trituration paraît avoir fixé une certaine quantité d'eau, ce qui porterait à conclure qu'elle est entrée dans quelque combinaison nouvelle comparable aux argiles. Ce qui domine cependant dans cette boue plastique, ce sont les anciens éléments du granite; car elle reste fusible au chalumeau. Elle rappelle complétement, par toutes ses propriétés, certains phyllades ou schistes de transition, dont la composition moyenne est, d'après M.Bischof(1), la même que celle des granites. Ces phyllades pourraient donc

(1) Bischof. *Lehrbuch der chemische geologie*, t. II.

bien n'être, pour la plupart, que de la boue granitique.

Il existe des argiles qui présentent d'autres caractères que ces limons feldspathiques. Il faut donc reconnaître une différence entre ces produits du frottement et les argiles infusibles; ces dernières paraissent résulter d'une décomposition profonde des silicates; Ebelmen l'a depuis longtemps démontré.

Outre le limon, il se produit encore, dans la trituration des roches quartzeuses, du sable proprement dit.

Malgré les chocs violents qui résultent d'une vitesse comparable à celle des vagues les plus rapides, les éléments du granite ordinaire n'éprouvent jamais une simple désagrégation, à moins que le feldspath ne soit en décomposition préalable. Le tout se pulvérise, et le peu de sable qui se forme en même temps que le limon est toujours très-fin. Les fragments les plus gros n'ont jamais dépassé le grain des sables de Fontainebleau; leur diamètre n'atteint pas un quart de millimètre.

Les grains de ce sable artificiel ne sont arrondis qu'accidentellement. On reconnaît sous la loupe qu'ils sont entièrement composés de quartz en fragments anguleux, entremêlé de quelques paillettes de mica.

Le feldspath a disparu à peu près entièrement, quoiqu'il domine de beaucoup dans la roche granitique. Il est entièrement passé dans le limon, et cette circonstance s'explique parfaitement par la facilité de ses clivages et par la réaction chimique qu'il exerce sur l'eau dans cet état de division extrême.

Il en est de même sur les falaises où une roche granitique altérée est soumise à la trituration des vagues; elle ne fournit qu'un sable quartzeux, pauvre en feldspath.

C'est par le même motif qu'en dehors des grès arkoses qui ont, pour ainsi dire, été formés sur place, les grès à débris feldspathiques sont rares. Cette cir-

Notes marginales:
3ᵉ produit : sable.
Son extrême ténuité.
Forme anguleuse de ses grains.
Extrême rareté du feldspath.
Faits semblables dans les divers terrains.

constance peut faire supposer que certains grès quartzeux
et micacés, à grains anguleux, sont un produit de la
trituration granitique (1).

Origine des sables grossiers.

Puisque des sables grossiers ne peuvent résulter de la
trituration du granite et des roches quartzeuses, il faut
chercher ailleurs leur origine.

Sable formé par la trituration des glaciers.

Quand les roches, au lieu de se broyer dans le choc
mutuel des galets agités par l'eau, s'écrasent sous la
pression des glaciers, elles produisent aussi du sable,
mais il est composé de débris anguleux irréguliers de
toute grosseur. Ils sont continuellement entraînés et
rejetés par le torrent qui sort du glacier et qui en fait
le triage.

Le quartz y prédomine ; il y est souvent accompagné
de mica (ou de chlorite dans les Alpes). Mais le feldspath
y est aussi d'une extrême rareté ; par conséquent, il
doit disparaître dans cette opération par des causes du
même genre que dans les sables d'origine aqueuse.

Son imitation.

Je rappellerai d'ailleurs ici que j'ai obtenu des sables
tout à fait comparables aux sables des glaciers par leur
irrégularité, quand j'ai, à la manière des glaciers, opéré
la trituration des roches par pression et par frottement.

Importance des dépôts détritiques produits par les glaciers actuels.

Bien que les glaciers occupent une faible partie de la
surface du globe, la quantité de débris de toute dimension, produite par leur action triturante, ne laisse pas
que d'être considérable.

Ainsi, le seul glacier de l'Aar, qui, avec ses affluents,
n'a qu'une surface de 10 kilomètres carrés, fournit par
jour, d'après les observations de M. Dollfus-Ausset,
100 mètres cubes de sable, qui est emporté par le tor-

(1) Dans les mêmes circonstances, le calcaire fournirait uni-
quement du limon ; aussi ne connaît-on pas de sable purement
calcaire.

rent (1). L'*ablation* des vallées par les glaciers paraît donc bien supérieure à celle que produisent la plupart des cours d'eau, à égale superficie du bassin. Aussi les glaciers des régions polaires doivent-ils fournir journellement d'énormes volumes de sable que les courants provenant de la fusion des glaces vont porter dans toutes les régions de l'Océan, et jusque sous l'équateur. Depuis qu'il existe des glaciers, les mers reçoivent des quantités considérables de sable formé par ce second procédé.

Quand le granite se décompose et se désagrége *sur place*, son quartz s'isole en petits fragments. Ces fragments sont anguleux, de forme tout à fait irrégulière, sans indice de faces cristallines. Cette irrégularité résulte des tressaillements qui divisent le quartz, même dans les granites vierges.

Sable de désagrégation sur place du granite et d'autres roches quartzeuses.

Toute roche quartzeuse qui se désagrége peut également donner lieu à l'isolement de petits fragments de diverses dimensions.

L'aspect de beaucoup d'arkoses de la Bourgogne, de l'Auvergne et d'autres contrées participe aux caractères dont nous venons de parler. Le quartz y est anguleux; il est d'ailleurs entremêlé d'une quantité variable de feldspath plus ou moins altéré et de mica. Il résulte visiblement d'un simple remaniement par l'eau de l'arène granitique, sans chocs ni frottements. Il est d'ailleurs difficile de distinguer dans la plupart de ces roches la part de la formation arénacée et de la formation chimique.

Quartz des arkoses en général de même forme.

Le quartz des granites n'est pas toujours transparent; quelquefois il est comme enfumé et faiblement translucide quand on l'examine en gros grains. Ce défaut de

Limpidité particulière au sable fin.

(1) Collomb. Mémoire sur les glaciers actuels (*Annales des Mines*, 5ᵉ série, t. XI, p. 108).

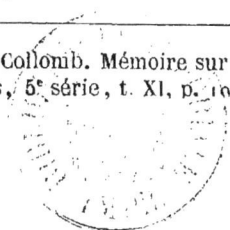

transparence du quartz n'est souvent que le résultat des petites fissures qui le traversent ; car, réduit en poussière, il devient tout à fait translucide. C'est parce qu'on n'a pas tenu compte de cette circonstance que l'on a souvent été induit en erreur, en croyant que le quartz de certains sables fins, d'une limpidité parfaite, ne pouvait pas provenir de la destruction de roches granitiques (1).

Sables de différents types, provenant d'une même roche.

Il résulte de ce qui précède que les mêmes roches peuvent fournir des sables dont les caractères sont tout opposés, suivant que leur décomposition a été, ou non, accompagnée de trituration.

Sables cristallisés.

Outre les trois sortes de sables détritiques dont nous venons de nous occuper, il en est d'autres tout différents : ce sont les sables cristallisés.

Toute forme cristalline est la preuve d'une dissolution et d'une formation chimique : l'origine de ces sables ne saurait donc être douteuse. Mais il n'est pas moins évident qu'il ne faut pas confondre avec eux, comme l'ont fait divers auteurs, les sables à grains fragmentaires qui se rapportent, je l'ai fait voir, à des formations détritiques. Je réserverai le nom de *sable cristallisé* à ceux dont chaque grain est un cristal complet, un fragment de cristal ou une druse globulaire de cristaux.

Exemple du grès des Vosges.

Le meilleur exemple que l'on puisse citer des sables cristallisés est sans doute la formation du grès des Vosges et du grès bigarré.

Depuis longtemps M. Élie de Beaumont a signalé dans le premier des grains à facettes cristallines (2). Le

(1) Gerhard. *Abhandlung der Berliner Academie*, années 1816 et 1817.

(2) Observations géologiques sur les différentes formations qui séparent la formation houillère de celle du lias (*Annales des mines*, 2ᵉ série, t. I, p. 406).

plus souvent ce sont des globules hérissés de nombreux pointements et rappelant certains rognons de pyrite (1). On y trouve aussi des cristaux complets aussi nets que les *hyacinthes de Compostelle*. Les arêtes des cristaux sont vives et sans trace d'usure.

Aucune roche connue ne produirait un pareil sable par sa désagrégation ; il est d'ailleurs d'autres preuves de son origine chimique. On y trouve continuellement des galets partiellement incrustés de quartz cristallisé ; ce quartz est ordinairement accumulé à leur surface supérieure, tandis que le bas est resté lisse.

La précipitation du sable cristallisé n'est point accidentelle, quoiqu'elle ne se rencontre pas dans beaucoup de formations géologiques. Elle tient dans quelques-unes d'entre elles une place importante. Ainsi on en rencontre presque partout des exemples dans la chaîne des Vosges, en France et dans le Palatinat, ainsi que dans la Forêt-Noire. M. Hoffmann signale un grès semblable aux environs de Eisleben et M. Gutberlet le long des montagnes du Rhön, près Fulda ; le grès bigarré de Commern, si abondamment imprégné de galène, est souvent presque entièrement cristallisé.

Ce dépôt chimique se retrouve donc partout, dans une formation de l'Europe centrale qui n'occupe pas moins de 150.000 kilomètres quarrés, et atteint parfois une épaisseur de 400 mètres.

La silice en dissolution dans les eaux peut sans doute en être précipitée par des réactions diverses que nous connaîtrons un jour ; mais une précipitation à la fois aussi étendue et aussi exceptionnelle que celle du grès des Vosges doit se lier à des phénomènes géologiques particuliers.

---

(1) *Description géologique du Bas-Rhin*, p. 90.

Explication
du fait
par l'expérience. On sait que pendant la période permienne il s'est épanché dans la mer de puissantes nappes de porphyre feldspathique. Dans une grande partie de son étendue, ce porphyre contemporain du grès rouge est à l'état terreux, ce qui lui a valu en Allemagne le nom de *thon-porphyr*. Les cristaux de feldspath, et la pâte feldspathique elle-même, sont en effet réduits à l'état de kaolin.

Selon toute probabilité, la décomposition qui a privé le porphyre de silicate alcalin s'est produite avant que la roche fût complétement refroidie. Cette solution de silicate alcalin, produite aux dépens de la roche, a pu, en s'épanchant dans la mer, y précipiter du quartz exactement, comme dans les expériences où j'ai produit le quartz en cristaux au moyen du silicate emprunté au verre ou à l'eau de Plombières.

Relation
avec l'apparition
du porphyre. Une autre observation est tout à fait à l'appui de l'explication que je viens d'émettre. J'ai en effet constaté dans les Vosges que les couches arénacées antérieures du porphyre ne renferment pas de sables cristallisés, tandis que le caractère cristallin est éminemment prononcé dans les couches du grès des Vosges qui sont superposées aux épanchements porphyriques. La date à laquelle le sable cristallisé a commencé à se former n'est donc plus douteuse ; elle coïncide bien ici avec l'apparition du porphyre.

Fait semblable
au Pérou. D'autres contrées nous montrent une semblable relation des sables cristallisés avec les porphyres. M. Crosnier, en effet, a cité une formation de grès et de sables parfaitement cristallisés au Pérou, où ils se trouvent encore associés à des tufs porphyriques (1).

Rapprochement
avec les couches
métallifères. Ainsi la formation de certains grands horizons de

---

(1) *Annales des mines*, 5e série, t. II, p. 5 et 74.

sables cristallisés paraît bien être en relation intime avec des dislocations du sol, des épanchements de roche éruptive ou des filons. L'arrivée des minéraux métallifères dans la couche de schiste cuivreux sur toute la largeur de l'Allemagne, dans les grès de la principauté de Waldeck où l'on exploite également le cuivre, ou enfin la pénétration de la galène dans le grès bigarré des environs de Commern, paraissent être des phénomènes en connexion avec celui dont nous venons de nous occuper; ils se lient en même temps aussi au remplissage des filons.

Je n'affirmerai pas toutefois que l'existence d'un sable ou d'un grès cristallisé ait forcément pour cause le voisinage d'un porphyre ou d'une roche éruptive. Il ne faut pas, quand il s'agit de faits aussi complexes que les phénomènes géologiques, généraliser prématurément. Or on trouve dans les terrains tertiaires du bassin de Paris et de l'Allemagne des gisements de sable parfaitement cristallisé, sans qu'on puisse préciser les phénomènes d'éruption auxquels ils doivent être immédiatement attribués.

Sables cristallisés des terrains tertiaires.

Le quartz de certains sables a entraîné en se déposant, et en mélange intime, du peroxyde de fer qui fournit une notion sur la température à laquelle les sables se sont formés. Dans le grès des Vosges, dont chaque grain est coloré en rose, la précipitation du quartz s'est faite dans les conditions de température où le peroxyde de fer devient anhydre. Il s'est au contraire précipité à l'état d'hydrate dans les sables tertiaires des environs de Düsseldorf; son quartz est en effet teint en jaune d'ocre, aussi bien que dans les gîtes de minerai de fer pisolithique de Saint-Pancré et d'Aumetz (Moselle). La température de la formation de ces derniers sables était donc nécessairement peu élevée. Nous n'avons pas d'ail-

Température peu élevée à laquelle le sable cristallisé a pu quelquefois se former.

leurs besoin de rappeler les fossiles animaux, les bois, les silex que l'on rencontre tapissés de quartz dans toutes les formations géologiques, et dans des conditions où il est impossible de supposer une élévation de température.

Le sable quartzeux précipité chimiquement a aussi parfois la forme de globules.

Le sable précipité par voie chimique n'est pas nécessairement cristallisé. Dans les géodes quartzeuses du calcaire grossier, on trouve des globules de calcédoine, parfaitement arrondis, qui ont été formés chimiquement tout aussi bien que les petits cristaux qui les accompagnent et auxquels ils passent quelquefois par des aspects intermédiaires. Ils rappellent les globules de geysérite observés par M. Descloiseaux dans les sources bouillantes de l'Islande. Certains sables formés de grains calcédonieux, à surface brillante, et n'agissant pas sur la lumière polarisée, peuvent être des précipités chimiques. J'en ai reconnu de ce genre dans les couches du minerai de fer oolithique du lias supérieur des environs de Longwy (Moselle). Il en existe aussi dans les sables du grès vert (1), où une autre partie de la silice s'est combinée dans la glauconie.

Son état amorphe.

Quelquefois même la silice s'est précipitée amorphe. La silice soluble dans la potasse, que M. Sauvage a observée dans le grès vert (gaize) des Ardennes, en est un exemple (2).

Arrondissement du sable par voie mécanique.

J'ai dit plus haut que, dans la trituration des roches, il se formait des sables fins et anguleux, et je n'ai cité de sables à grains globulaires qu'en leur attribuant une origine chimique.

---

(1) M. Schafhaütl a déjà fait cette observation pour certains sables de grès vert des Alpes bavaroises (*Dahrbuch fur mineralogie*, 1846, p. 648).

(2) *Statistique des Ardennes*, p. 359.

Je me suis cependant convaincu qu'il se forme, dans des conditions spéciales, quoique assez fréquentes, des sables dont les grains ont été complétement arrondis par un procédé mécanique.

Dans ce cas, chaque grain de sable s'arrondit gra- Conditions
d'usure du sable. duellement sur d'autres grains de même dimension, exactement comme les galets s'arrondissent entre eux. Mais il faut pour cela que ces grains soient tous assez gros pour ne pas flotter en suspension dans l'eau, et assez fins pour suivre le mouvement du liquide.

La dimension des grains qui peuvent flotter en suspension dans l'eau très-faiblement agitée, paraît être d'environ 1/10 de millimètre de diamètre moyen. Tout sable plus fin sera donc anguleux.

D'un autre côté, un courant ou une vague, dont la vitesse sera capable d'enlever ou de faire frotter un grain de 1/10 de millimètre, et qui, par conséquent, respectera sa forme, pourra faire au contraire frotter et user les grains plus volumineux : il les transformera alors lentement en sable globulaire.

J'ai vérifié ces faits par l'expérience. J'ai reconnu, par exemple, qu'avec un diamètre de 5/10 de millimètre, et un mouvement d'un mètre par seconde, le sable pouvait s'arrondir et perdre par kilomètre environ 1/10,000 de son poids. Cette perte si minime, malgré l'étendue des surfaces frottantes, tient à ce que la pression mutuelle est très-faible, à cause de la petitesse du poids de chaque grain.

Avec une plus grande vitesse, ce sable eût nagé dans l'eau; sa forme eût été respectée, et il n'aurait rien perdu de son poids.

Ces circonstances se retrouvent dans la nature, de sorte que nous pouvons rencontrer, à grosseur égale, des sables arrondis et des sables anguleux. Tout dépend du mouvement du milieu dans lequel ils sont formés. La limite des sables, comparée à leur grosseur, fournit donc une indication précise de leurs conditions originelles.

Limite d'usure. D'après les observations qui précèdent, les grains de sable, balancés par les vagues, tendent à une dimension *limite*; cette dimension minima, pour des matériaux de même densité, dépend de la vitesse de l'eau dans laquelle ils se sont usés. De là ces grès formés de grains arrondis d'une uniformité de grosseur si frappante.

C'est une cause inverse de celle qui assigne une limite supérieure aux pisolithes de calcaire précipités par les sources thermales de Carlsbade. Ces *dragées*, comme on les désigne, sont d'abord agitées dans le bassin, par suite s'incrustent et grossissent, tant que leur poids ne les condamne pas à l'immobilité.

Influence de la densité. Il est évident que ces résultats seront complétement modifiés par la densité des matières, puisque, toutes choses égales d'ailleurs, les plus denses tombent au fond, quand les plus légères sont déjà susceptibles de flotter. Cette observation n'est pas applicable aux sables les plus répandus dans la mer et dans les terrains stratifiés, où le quartz est le plus souvent seul; le feldspath, dont il est accidentellement accompagné, a d'ailleurs, à très-peu près, la même pesanteur spécifique. Il n'en est pas de même des sables, des alluvions gemmifères et métallifères dont les grains sont de densité variée. Dans ce dernier gisement, les matières les plus lourdes, comme le grenat, le fer titané, l'étain oxydé, sont, à dureté égale, plus fortement usées que les matières pierreuses; il en est de même des menues pépites d'or et de platine.

La dimension des fragments de ces divers minéraux est d'ailleurs généralement aussi en relation avec leur degré d'usure, tout aussi bien que dans les sables et les galets quartzeux. Les petits saphyrs de Ceylan ont souvent conservé toute la fraîcheur de leurs arêtes, tandis que les gros cristaux des mêmes alluvions sont ordinairement tout à fait frustes.

Toutes les observations que nous venons de faire nous expliqueront diverses circonstances, en apparence contradictoires, que l'on rencontre à chaque pas dans les sables de formation contemporaine et dans ceux des terrains sédimentaires. Les applications qui en dérivent sont maintenant aussi faciles qu'elles sont nombreuses ; aussi je crois inutile de m'étendre sur ce sujet.

Conséquences des faits qui précèdent.

J'ai constaté, dans mes expériences, que le sable qui provient de la trituration du granite était anguleux, et reste indéfiniment tel.

Il en est de même dans les cours d'eau ; car les sables anguleux, que les glaciers de l'Aar envoient à cette rivière, arrivent à Meyringen, après avoir tourbillonné dans de nombreuses cascades, tout aussi anguleux qu'à leur point de départ. Charriés dans le Rhin, ils ne sont pas plus arrondis à 300 kilomètres de distance de cette dernière localité. Pendant les mois de juillet et d'août, époque de la fonte principale des glaces, ils donnent encore aux eaux du fleuve, à la hauteur de Strasbourg, la teinte laiteuse bien connue de tous ceux qui ont observé les torrents sortant des glaciers. En filtrant plusieurs hectolitres de cette eau, j'ai constaté que la cause de sa coloration était non du limon, mais du sable en grains anguleux d'environ 1/20 de millimètre, et qui entre pour 2/100,000 du poids total.

Sur une partie des côtes de la Manche, les sables sont formés de silex concassés. On n'y remarque aucune transition du galet arrondi, de la dimension d'une noisette ou plus gros, au sable anguleux. Tous les intermédiaires disparaissent brisés sous l'action des vagues, par le choc des plus gros, jusqu'à ce qu'ils aient atteint l'état limite où leurs débris flottants ne peuvent plus recevoir de chocs, ni modifier leur forme par le frottement.

Pareilles circonstances ont dû se produire dans toutes les périodes géologiques, et former l'espèce de triage qui a étalé sur d'immenses étendues des sables à grains égaux et toujours anguleux. Il nous suffira de citer, comme exemples, le grès houiller de l'Angleterre et de la Belgique, le grès du lias de l'ouest de l'Europe, le grès molasse qui borde toute la chaîne des Alpes, le grès des Karpathes.

Résumé.   Les faits exposés dans la seconde partie de ce mémoire apprennent que chaque sable porte en lui-même une sorte de signalement de son origine et des conditions premières de sa formation. Leur examen peut donc nous offrir un instrument nouveau pour étudier plus profondément les circonstances physiques où se sont formés les terrains stratifiés à toutes les époques.

Paris. — Imprimé par E. Thunot et Cie, 26, rue Racine.

www.ingramcontent.com/pod-product-compliance
Lightning Source LLC
Chambersburg PA
CBHW060459210326
41520CB00015B/4024